AF596445

NOUVEAU PROCÉDÉ

POUR L'EXTRACTION

DU SUCRE DE LA CANNE

ET

DE LA BETTERAVE.

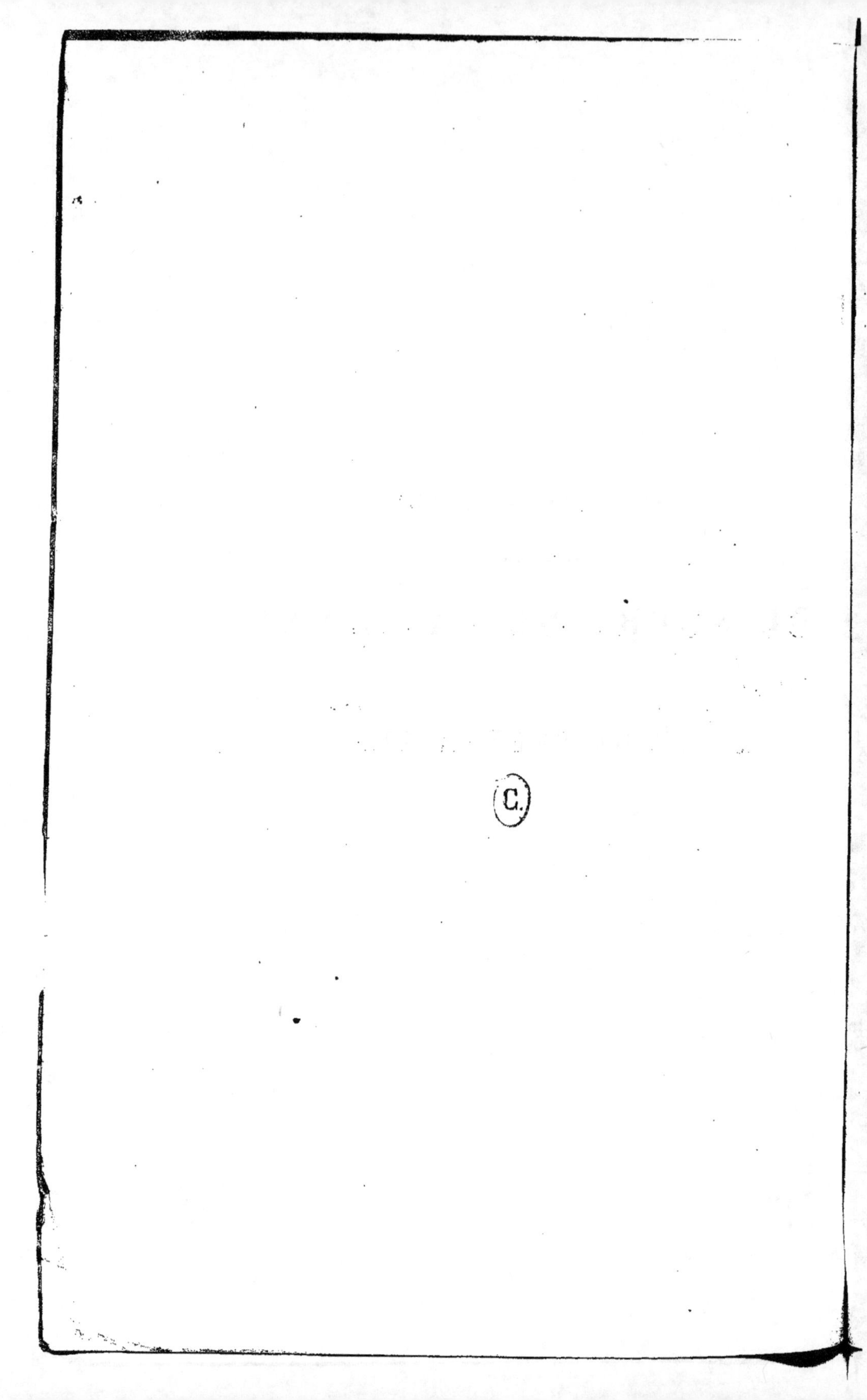
C.

NOUVEAU PROCÉDÉ

POUR L'EXTRACTION

DU SUCRE DE LA CANNE

ET

DE LA BETTERAVE,

PAR

M. MELSENS,

PROFESSEUR A L'ÉCOLE DE MÉDECINE VÉTÉRINAIRE ET D'AGRICULTURE DE L'ÉTAT,
A BRUXELLES,
MEMBRE CORRESPONDANT DE L'ACADÉMIE ROYALE DE BELGIQUE,
DE LA SOCIÉTÉ PHILOMATHIQUE, ETC.

BRUXELLES.

IMPRIMERIE DE DELTOMBE
RUE N.-D.-AUX-NEIGES, 36.

1849

un
pl
je
te
la
so
uti
ca
à e
]
be
bl
qu
for

NOUVEAU PROCÉDÉ

POUR L'EXTRACTION

DU SUCRE DE LA CANNE ET DE LA BETTERAVE,

PAR M. MELSENS,

Professeur à l'école de médecine vétérinaire et d'agriculture de l'État,
à Bruxelles,
membre correspondant de l'Académie royale de Belgique,
de la société Philomathique, etc.

Les circonstances extraordinaires où je me trouve placé me font un devoir d'extraire d'un travail plus étendu les observations les plus propres à donner une idée exacte des recherches auxquelles je me suis livré. Quel que soit le sort réservé à la marche que j'ai tenté de faire prévaloir pour le traitement des matières sucrées, j'ai la confiance qu'on trouvera exactes toutes les observations qui me sont propres et que leur connaissance donnera lieu à des réflexions utiles de la part des fabricants de sucre, et sans doute à des applications pratiques nouvelles dans les diverses opérations qu'ils ont à effectuer.

Il est bien constaté que dans la canne à sucre saine, que dans la betterave saine, il n'existe pas d'autre sucre que le sucre cristallisable. On sait qu'il est facile de l'en retirer au moyen de l'alcool faible qui le dissout, et qui l'abandonne ensuite par l'évaporation sous la forme de cristaux incolores et purs.

Dans les amandes amères, il existe de même une substance cristallisable, l'amygdaline, que l'alcool peut en extraire et qui se retrouve sans altération et cristallisée par l'évaporation de ce véhicule.

Mais il n'en est plus de même lorsqu'on fait intervenir l'eau à la place de l'alcool. L'amygdaline des amandes disparaît, se métamorphose et il survient, par de nouveaux arrangements de ses éléments, des substances nouvelles nombreuses et tout à fait différentes. Pour que l'eau agisse de la sorte, il faut qu'elle ait le contact de l'air; il faut qu'elle ait rencontré et dissous certains ferments qui se rencontrent dans le tissu des amandes amères à côté de l'amygdaline.

Dans la canne à sucre, dans la betterave, il existe aussi de tels ferments, capables de déterminer la transformation du sucre en d'autres produits. Pour que leur action s'exerce, il faut aussi qu'ils soient mis en contact avec le sucre par le concours de l'eau, et qu'ils aient éprouvé eux-mêmes l'influence de l'air.

Tout le monde sait avec quelle rapidité le vesou de la canne à sucre s'altère dans les régions chaudes où s'en fait l'exploitation, et quoique cette altération soit moins rapide dans le jus de la betterave, elle est assez réelle pour qu'on ait cherché par tous les moyens à rendre leur traitement de plus en plus prompt, afin d'échapper à cette cause de trouble et de perte.

Pour le chimiste qui fait une analyse, le problème de l'extraction du sucre se résout donc par l'emploi de l'alcool. Il sépare ainsi le sucre des ferments; il dénature les derniers sans altérer le premier de ces corps, et il met le sucre à l'abri de toute influence destructive.

Mais s'agit-il d'une opération industrielle, il faut recourir à un véhicule à bas prix et d'un maniement facile. Or, l'alcool est d'un prix élevé et son emploi exige des précautions infinies, si l'on veut échapper aux chances d'incendie effrayantes qu'il entraîne.

L'alcool écarté, est-il au-dessus des ressources de la chimie de trouver un liquide doué des propriétés essentielles qui le caractérisent dans le cas actuel; qui comme lui empêche toute fermentation de se manifester, malgré le contact de l'air? Je ne le pense pas. Je suis fort loin de croire même que le procédé auquel je me suis arrêté après bien de tâtonnements soit le meilleur, soit surtout le seul qu'on puisse mettre à profit.

Dans la cellule du tissu d'une betterave ou d'une canne, il y a du sucre dissous dans l'eau, et ce sucre s'y conserve longtemps, comme on le sait. Si on pouvait faire usage de l'eau comme dissolvant sans détruire les conditions réalisées là par la nature, on retirerait donc le sucre inaltéré. Les difficultés que l'on rencontre ne tiennent donc ni au sucre, ni à l'eau, mais bien à l'air et aux ferments que son contact développe.

Ceci posé, pourrait-on écraser la canne ou râper la betterave dans le vide, extraire les jus et les porter à l'ébullition, soit pour les déféquer, soit pour les évaporer, toujours dans le vide? Si cela était possible dans la pratique en grand, le problème serait peut-être résolu.

Mais lorsqu'on sait quelle trace insaisissable d'air suffit à la naissance des ferments, on s'aperçoit bientôt que la mise en pratique d'un pareil système est inexécutable. Je ne l'ai pas tentée.

Mais il semble plus facile d'arriver au résultat en opérant dans un gaz inerte tel que l'acide carbonique; de râper les betteraves dans l'acide carbonique, de les laver avec de l'eau chargée d'acide carbonique, de les arroser sur la râpe avec de l'eau chargée de carbonate acide de chaux ou de carbonate acide de magnésie. Mes essais n'ont pas eu le succès qu'on s'en serait promis.

Les moindres traces d'air suffisent, et ces agents ne faisant que les déplacer, sans les annuler, leur efficacité est toujours très-incertaine.

Je citerai, seulement pour mémoire, une classe de corps à laquelle on a eu souvent recours dans le dessein de porter obstacle aux fermentations : ce sont les oxydes métalliques capables de se combiner aux ferments ou aux matières desquelles ils dérivent en produisant des composés insolubles. L'oxyde de mercure, l'oxyde de plomb sont dans ce cas. Pour une analyse de laboratoire, le sous-acétate de plomb est d'un emploi facile et certain, car il précipite tous les ferments et toutes les matières propres à les engendrer et il laisse le sucre dissous. Mais les conséquences malheureuses de son emploi dans les fabriques de sucre étaient faciles à prévoir, et je sais qu'elles se sont trop bien réalisées toutes les fois qu'on en a tenté l'application, pour qu'il me soit permis de croire que le sous-acétate de plomb puisse jamais devenir la base d'un procédé d'extraction pour le sucre.

Il n'en est pas de même du tannin et de l'acide phosphorique monohydraté. Ces deux agents coagulent les ferments, précipitent les matières propres à les fournir, et purifient à froid le vesou ou le jus de la betterave d'une façon qui en rend l'application possible.

Toutefois, j'ai cru que je me rapprocherais davantage du procédé applicable au travail en grand, si je cherchais :

1° A m'opposer à la naissance des ferments pendant l'extraction du jus, en écartant l'intervention de l'air tant que les jus sont froids.

2° A profiter de la coagulation que la chaleur fait éprouver aux matières qui produisent ces ferments pour les éliminer comme on le pratique dans les défécations.

Dès lors, je me suis appliqué à découvrir un corps avide d'oxygène sans action sur le sucre, sans danger pour l'homme, à bas prix, facile à produire partout ou à transporter. Trois de ces corps ont particulièrement fixé mon attention : le bioxyde d'azote, l'acide sulfureux, l'aldéhyde. Généralement cette classe remarquable de composés avides d'oxygène, qui, renfermant déjà deux équivalents de ce corps, en absorbent un troisième avec facilité et énergie pour produire des acides, m'a paru éminemment propre à remplir l'une des conditions de la question, leur présence, empêchant l'oxygène de l'air d'intervenir, s'oppose à la production des ferments.

Des mains plus habiles que les miennes sauront sans doute donner un jour une forme pratique au bioxyde d'azote ; car je ne puis pas croire qu'une substance qui détruit instantanément l'oxygène à mesure qu'il se présente et qui forme avec lui un acide propre à précipiter les ferments et les matières qui leur donnent naissance, ne soit pas destinée à jouer un certain rôle dans l'extraction des sucres. Dissous dans le sulfate de fer, il pourrait garantir les jus de toute altération, jusqu'à la fin de la défécation par la chaux; celle-ci accomplie, les jus ne retiendraient presque rien des réactifs employés.

L'aldéhyde ou les substances organiques qui s'en rapprochent sont trop coûteuses; je ne m'y suis donc pas arrêté.

Pendant que je m'essayais au maniement des procédés dont je viens d'esquisser l'indication très-sommaire, je me sentais toujours ramené vers l'emploi de l'acide sulfureux. Son efficacité comme obstacle à toute fermentation est si bien constatée; son prix est si bas; sa production si facile; les agents propres à le fournir si répandus.

A la vérité, l'acide sulfureux, qui a si bien réussi dans les mains de Proust, lorsqu'il s'agissait de prévenir la fermentation du sucre de raisin, a toujours présenté, dans son application au travail des sucreries de betteraves, d'insurmontables obstacles. Je n'ignorais pas que les hommes les plus habiles en avaient tenté l'emploi, et qu'ils avaient échoué, rien de pratique n'étant resté de leurs travaux.

Si l'acide sulfureux peut être mis à profit lorsqu'il s'agit du moût de raisin; s'il en prévient si bien la fermentation, s'il en respecte complétement le sucre, c'est qu'il jouit à la fois de la propriété de s'opposer à la production des ferments et de la propriété de laisser intact le sucre de raisin, soit par lui-même, soit lorsqu'il a été converti en acide sulfurique par l'action de l'air.

Tout le monde sait que le sucre de canne, au contraire, est métamorphosé en sucre de raisin par les acides, et surtout par l'acide sulfurique. Ainsi, autant le *mutisme* au moyen de l'acide sulfureux s'applique avec sûreté au moût de raisin, autant il est inacceptable pour le vesou de canne ou le jus de betterave. Car, à mesure que l'air absorbé par l'acide sulfureux le change en acide sulfurique, ce dernier se portant sur le sucre de canne, le convertit en sucre de raisin.

En réfléchissant à cette difficulté, je me suis demandé si l'acide sulfureux, employé en présence d'une base puissante comme la potasse, la soude ou la chaux, ne serait pas mis à l'abri de cet inconvénient. En effet, la base s'emparant de l'acide sulfurique, à mesure que celui-ci serait produit, le sucre de canne soustrait à son action pourrait rester intact. De là je fus conduit à des expériences nombreuses, faciles à reproduire, inutiles à rapporter en détail, et que je résume en quelques mots.

L'acide sulfureux dissous, ajouté à une dissolution de sucre de canne, à du vesou, à du jus de betterave, s'oppose aux fermentations; mais détruit lentement le sucre, si on laisse le tout à froid au contact de l'air; le détruit rapidement si on chauffe la liqueur avec ce même contact.

Les sulfites neutres de potasse, de soude, de chaux ne s'opposent pas aux fermentations, dans les mêmes conditions, si les liqueurs sont neutres; mais respectent le sucre de canne tant à chaud qu'à froid.

Je ne pouvais donc utiliser ni l'un ni l'autre de ces produits.

Les sulfites acides, et plus spécialement le sulfite de chaux, m'ont offert au contraire des propriétés très-dignes d'intérêt.

L'acide sulfureux en excès prévient toute fermentation. La base qu'ils renferment neutralise l'acide sulfurique à mesure que celui-ci prend naissance. Restait à savoir si par eux-mêmes, si par leur acide sulfureux en excès, ils avaient ou non le pouvoir de convertir en sucre de raisin le sucre de canne proprement dit.

J'ai fait chauffer, pendant quelques heures, de petites quantités de sucre candi dissous dans l'eau, avec une grande quantité de bisulfite de chaux. Le sucre s'est altéré, il est devenu incristallisable et déliquescent. Le sirop qu'il fournissait présentait quelquefois un caractère que les fabricants connaissent bien ; soumis à l'action de la chaleur pour l'évaporer, il restait immobile.

Il y avait donc des doses à étudier, des ménagements à garder; mais comme il faut beaucoup de bisulfite pour détruire le sucre et qu'il suffit d'une faible dose pour détruire les ferments, je ne devais pas abandonner cet agent sans examen.

Du sucre candi dissous à froid dans de l'eau chargée de bisulfite de chaux, même en grand excès, cristallise tout entier et sans altération par l'évaporation spontanée, à basse température. Le travail à froid serait donc en tout cas praticable, et l'on verra plus bas que cette remarque a bien sa portée.

Du sucre candi parfaitement blanc étant dissous dans dix fois son poids d'eau, on ajouta la moitié de son poids d'une dissolution de bisulfite de chaux marquant 10 degrés à l'aréomètre de Baumé et on fit bouillir pendant une heure environ. Le liquide trouble fut filtré pour le débarrasser du sulfite neutre qui s'était déposé, puis jeté sur une assiette, où il cristallisa tout entier sans trace de mélasse appréciable, mais précipitant cependant légèrement le tartrate de cuivre dissous dans la potasse.

Du sucre candi de couleur paille, traité de la même façon, se comporta de la même manière; seulement il fournit des cristaux moins colorés qu'il ne l'était lui-même.

Cette expérience, répétée sur des sucres de toute nature, donna les mêmes résultats, soit que les liqueurs livrées à l'évaporation fussent laissées à l'état acide, soit qu'on les eût neutralisées avec soin après l'ébullition.

J'ai varié ces expériences qui avaient toujours pour point de départ l'ébullition du sucre dissous dans l'eau avec du bisulfite en excès, en la terminant par une simple évaporation de la liqueur trouble, ou par une évaporation précédée d'une filtration ; dans tous les cas, le sucre a cristallisé tout entier et facilement, sans apparence de mélasse.

J'ai examiné, au moyen de l'appareil de polarisation et en suivant la marche adoptée par M. Clerget, les sucres provenant de ces divers traitements, et j'ai reconnu :

1° Que les masses cristallisées donnaient une notation directe à très-peu près identique avec celles qu'elles fournissaient après l'inversion. Les différences, tantôt dans un sens, tantôt dans l'autre, se confondant avec les erreurs de l'observation, n'indiquaient, en tout cas, que des transformations du sucre nulles ou pratiquement insignifiantes ;

2° Que les parties encore liquides, où le sucre transformé aurait dû se concentrer, retirées de plusieurs échantillons lorsque la cristallisation était déjà presque complète, possédaient les propriétés optiques du sucre de canne proprement dit, déviant à droite le plan de polarisation et donnant une notation directe à peu près identique avec la notation observée après l'inversion.

En conséquence, soit dans la partie cristallisée, soit dans les produits concentrés dans les derniers sirops, le sucre qui a subi l'action du bisulfite de chaux, lorsqu'on n'exagère ni sa dose, ni la durée de l'application de la chaleur, se comporte absolument comme s'il avait été dissous dans l'eau pure et qu'il eût été d'ailleurs soumis aux mêmes épreuves.

Je pouvais donc espérer que le bisulfite de chaux, employé comme corps avide d'oxygène et comme antiseptique, demeurerait sans action nuisible sur le sucre, s'il était versé à froid sur la râpe à betteraves ou le moulin à cannes, de manière à se mêler immédiatement au jus, au moment de la rupture de chaque cellule qui le renferme. Je pouvais espérer que le sucre subirait en sa présence, sans effet nuisible, l'action de la chaleur nécessaire pour la défécation. Dans cette opération, en la supposant conduite comme par le passé, la chaux employée ferait disparaître le bisulfite, en le neutralisant, laisserait le jus purifié des ferments et des matières capables d'en fournir et préparé à l'évaporation sans perte de sucre.

Mais je ne tardai pas à m'apercevoir que le bisulfite de chaux était doué de qualités particulières, qui le présentaient à mon attention sous un nouvel aspect.

Le blanc d'œuf, le sang, le jaune d'œuf en émulsion, le lait délayés dans l'eau et mélangés avec du bisulfite de chaux, se coagulent entièrement par une température de 100°c. Les liquides filtrés et soumis à l'évaporation, donnent des résidus où l'on ne retrouve que très-peu de matières azotées, mélangées avec le sucre de lait ou les sels propres à ces matières.

A la propriété antiseptique, à la faculté d'absorber le gaz oxygène de l'air, le bisulfite de chaux joignait donc les caractères d'un défécant énergique.

Dès lors j'ai dû l'étudier à ce point de vue.

J'ai mêlé 50 grammes de sucre candi, 250 centimètres cubes de lait, 250 centimètres cubes d'eau et 50 centimètres cubes d'une dissolution de bisulfite de chaux, à 10 degrés B. J'ai fait bouillir; j'ai filtré pour séparer le coagulum. La liqueur concentrée a donné, par la cristallisation, une masse parfaitement cristallisée, qui, examinée sans dessiccation et sans purification, à l'état brut, donnait 92 p. c. de sucre, par la notation directe et 93.5 après l'inversion par l'acide chlorhydrique.

La défécation avait été facile et complète. Le sucre s'était conservé pratiquement intact; l'eau adhérente aux cristaux, les sels du lait en s'ajoutant au sucre dans le résidu expliquent comment sur 100 de résidu on ne retrouvait que 92 de sucre environ.

J'ai employé dans une autre expérience 50 grammes de sucre candi, la moitié d'un œuf, jaune et blanc mélangés, 25 centimètres cubes de lait, 75 centimètres cubes de dissolution de bisulfite de chaux et 450 centimètres cubes d'eau. Ce mélange bouilli et filtré donna un liquide qui cristallisa sans production appréciable de mélasse. L'appareil de polarisation y indiquait 88,5 pour cent de sucre par la notation directe et 86 pour cent après l'inversion. Il n'y avait donc encore là que du sucre de canne, sauf les 13 pour cent représentant l'eau hygrométrique, l'excès de bisulfite, les sels du lait, etc., etc.

Le bisulfite de chaux à 100° agit donc comme défécant.

Il sépare l'albumine, le caséum et, comme on le verra plus tard, les matières azotées de nature analogue qui existent naturellement dans la canne et dans la betterave. Cette séparation s'effectue sans perte et sans transformation de sucre autre que celle qui peut s'estimer à un ou deux centièmes de la masse et qu'on ne saurait apprécier dans des expériences de cette nature.

Restait à se rendre compte du rôle que le bisulfite joue comme propre à s'opposer à la coloration des liqueurs sucrées.

La couleur des liquides sucrés fournis par la betterave ou la canne provient de 4 causes principales :

1° Ces matières contiennent des substances colorées qui se dissolvent dans les jus ;

2° Le contact de l'air et des pulpes engendre rapidement des substances colorées nouvelles qui s'ajoutent aux précédentes ;

3° La chaleur employée à l'évaporation, en dénaturant une partie du sucre ou des produits qui l'accompagnent, forme aussi des matières colorantes ;

4° Le concours de l'air et de la chaux ainsi que de l'ammoniaque, aidé de la chaleur, en fait naître encore pendant l'évaporation du jus alcalisé par la chaux.

Le bisulfite de chaux décolore presque instantanément et assez complétement les matières colorées qui existent toutes formées dans la canne et dans la betterave ; il prévient la formation des matières colorées que l'air produit par son contact avec les pulpes ; il empêche également la production de celles qui naissent pendant l'évaporation et surtout de celles qui exigent pour se former le concours de l'air et d'un alcali libre.

Le pouvoir décolorant du bisulfite de chaux, en ce qui concerne les couleurs propres à la canne ou à la betterave, n'est pas absolu. Il paraît tenir à une combinaison incolore qui s'opère d'abord entre la couleur propre à ces végétaux et l'acide sulfureux. Cet effet est bien connu des chimistes; aussi, quand il y a de la matière verte, en quantité appréciable, dans les tiges ou racines traitées, voit-on les jus, incolores d'abord par l'action du bisulfite, se teindre légèrement par la concentration, pour se décolorer plus tard quand on arrive à la cuite.

L'effet produit par le bisulfite de chaux, comme agent capable de s'opposer à la coloration des pulpes, est au contraire tellement complet et tellement durable, qu'on ne saurait trop méditer sa puissance. J'ai gardé pendant six mois dans des vases mal fermés des pulpes de betteraves, qui sont demeurées constamment incolores par l'effet du bisulfite de chaux, tandis qu'on sait qu'elles sont fortement brunies par l'effet de l'air, sous les conditions ordinaires.

Je ne crains pas d'affirmer qu'il y a beaucoup de cas où le bisulfite pourrait être employé de la manière la plus efficace, pour prévenir la formation des matières colorées, qu'on a tant de peine plus tard à extraire ou à détruire; telles sont celles, par exemple, qui souillent les filaments du chanvre et du lin après le rouissage, l'indigo après sa précipitation, le jus des écorces employées au tannage, les extraits de certains bois de teinture, etc., etc.; mais tous ces points seront examinés plus tard.

Pour le moment, je me borne à constater que les matières colorées qui se produisent spontanément à froid dans les pulpes exposées à l'air n'apparaissent jamais en présence du bisulfite de chaux.

J'ajoute que par l'évaporation à froid : 1° d'un liquide sucré fait en dissolvant dans l'eau du sucre de canne; 2° du vesou de la canne à sucre; 3° du jus de la betterave, il n'y a jamais de coloration.

J'ajoute encore que, par l'évaporation à chaud dans les mêmes circonstances et pour les mêmes produits, la coloration est à peine sensible; bien plus, pour la betterave rouge, il y a décoloration complète, et le sucre obtenu est blanc.

Je n'ai reconnu de coloration un peu notable que dans des cas tout à fait exceptionnels, et encore est-il, qu'en pareille occasion, il se produit seulement des traces de matières colorantes, dont la présence serait de peu de conséquence dans le travail d'une sucrerie.

Ainsi, le bisulfite de chaux peut être utilisé dans les opérations qui ont pour objet l'extraction du sucre de la canne ou de la betterave :

1° Comme un corps antiseptique par excellence, prévenant la production et l'action de tout ferment;

2° Comme un corps avide d'oxygène, capable d'empêcher les altérations que sa présence fait naître dans les jus;

3° Comme un corps défécant, qui à 100° C. clarifie les jus et les débarrasse de toutes les matières albumineuses ou coagulables (1);

4° Comme un corps décolorant pour les couleurs préexistantes;

5° Comme un corps anticolorant capable au plus haut degré de s'opposer à la formation des matières colorées;

6° Comme un corps capable de neutraliser tous les acides nuisibles qui pourraient exister ou naître dans les jus, en leur substituant un acide presque inerte, l'acide sulfureux.

Restait à savoir sous quelles formes, à quelles doses le bisulfite de chaux devait être appliqué à la canne ou à la betterave; quelles conditions nouvelles en résultaient pour le travail en grand; quels invonvénients pouvaient compenser les avantages qu'il semblait

(1) Toutefois, il reste dans les sucs ainsi déféqués une matière particulière qui se colore sous l'influence des alcalis et de l'air, d'abord en violet et ensuite en brun; il serait possible qu'elle fût de nature azotée.

promettre; c'est ce que je vais examiner maintenant en me fondant sur mes expériences, sans exagération, mais aussi sans timidité, essayant de faire la part du présent et celle de l'avenir.

Pourquoi ne pas l'avouer ? L'une des pensées qui m'ont le plus excité et soutenu dans le cours de mes recherches, c'est l'espoir que, dans les régions équatoriales du moins, l'extraction du sucre pourrait être obtenue par le seul emploi de la chaleur du soleil. Qui empêcherait, en effet, qu'une fois rendu inaltérable, le jus sucré de la canne fût abandonné à la cristallisation lente à l'air libre, comme le sel dans les marais salants?

Rien, j'ose le dire; et j'en appelle au témoignage de tous ceux qui ont vu mes expériences, ils ont tous été de mon avis.

Cette opinion, ce désir expliqueront pourquoi les expériences que je vais rapporter ont reçu la direction que je leur ai donnée.

On sait qu'il existe en Murcie des sucreries fondées sur le travail de la canne à sucre. Elles ont résisté à toutes les vicissitudes que le commerce du sucre a subies depuis soixante années; elles sont en pleine activité. C'est de là qu'une main amie, qui n'a cessé de protéger ma carrière scientifique, m'a procuré quelques centaines de livres de cannes à sucre fraîches pour mes expériences.

Elles sont arrivées à Paris, en bon état, au laboratoire de la Sorbonne, où je les ai traitées. Soumises à l'examen des personnes qui, ayant habité les colonies, pouvaient en porter un jugement certain, elles ont paru imparfaitement mûries. Beaucoup d'entre elles étaient piquées. Leur travail ne promettait pas de résultat bien satisfaisant.

Toutefois, le premier essai que j'en fis remplit de surprise les personnes habituées à suivre le travail de la canne à sucre et exercées à en juger les produits.

Le vesou avait été extrait par râpage grossier avec addition de bisulfite à la râpe. Il avait été déféqué par ébullition, puis filtré simplement à la chausse. Le sirop concentré, filtré une seconde fois, fut abandonné à la cristallisation lente. Celle-ci s'accomplit jusqu'à siccité presque parfaite. Une analyse par l'alcool n'aurait rien donné de mieux, quant à la nature du sucre et à sa quantité. Celui que j'avais obtenu était plus incolore.

Dans ces circonstances, la totalité du sucre que le vesou contient prend la forme solide et cristallise. Les cristaux sont gros et fermes. Ils ne sont pas plus colorés que le sucre candi ordinaire dont ils ont l'apparence. Ils ne renferment que des traces inappréciables de sucre interverti.

En tenant compte de la pureté presque absolue du vesou qui consiste véritablement en eau sucrée, une fois que la défécation est accomplie, en tenant compte de l'aptitude spéciale du sucre de la canne à se convertir en gros cristaux, aptitude que le sucre de betterave ne m'a pas offerte au même degré, je suis certain que le premier colon, qui placera quelques hectolitres de sirop dans les conditions favorables à cette cristallisation lente, en retirera des cristaux dont le volume, l'aspect, la blancheur et la quantité suffiront pour lever tous les doutes et pour décider la question.

J'ai varié les proportions de bisulfite de chaux, les conditions de l'évaporation; j'ai opéré séparément sur les cannes les plus mûres, sur les cannes les plus vertes, sur les cannes piquées, et de tous mes essais il ne m'est resté que du sucre en cristaux.

Je ne saurais pas retrouver dans mes essais une cuillerée de mélasse vraiment incristallisable. L'analyse du vesou et son travail par le bisulfite ont été d'accord pour la teneur et le rendement en sucre. Il faudrait, pour ne pas retirer du vesou tout le sucre qu'il contient, le faire exprès, je ne crains pas de le dire, tant l'opération est simple, tant ses résultats sont corrects.

Mais tout le monde sait que le vesou extrait de la canne écrasée n'est qu'une quantité assez faible, la moitié quelquefois, au plus les deux tiers de celui qu'on pourrait en retirer. Il peut donc rester dans les bagasses un tiers au moins du sucre qui se trouvait dans la canne à sucre.

Retirer ce sucre par lavage dans les pays chauds, il n'y faut pas songer; l'air, les ferments, le sucre, la chaleur tout conspire pour établir une fermentation rapide et pour détruire tout le fruit d'une pareille tentative.

Avec de l'eau contenant un peu de bisulfite, non-seulement ce lavage est facile, mais rien ne presse, on peut le faire à l'aise, en quelques heures, en quelques jours, si l'on veut. Un lavage systématique des bagasses en extraira tout le sucre, jusqu'à la dernière parcelle.

Ainsi obtenus, les lavages sucrés, presque aussi riches que le vesou lui-même, traités de la même manière par la défécation à 100 degrés, la simple filtration, la concentration à air libre jusqu'à consistance de sirop, puis la cristallisation lente, donneront des produits en tout semblables aux produits fournis par le vesou.

J'ai suivi sur les bagasses de mes cannes cette méthode de travail avec une vive curiosité, et j'en ai retrouvé en gros cristaux bien déterminés tout le sucre inaltéré et bien supérieur, pour la teinte, aux plus beaux sucres que les colonies nous envoient.

Bien plus, et cela par des raisons que les chimistes ont déjà prévues, les écumes des défécations, les filtres employés aux filtrations, m'ont rendu intact et cristallisé le sucre qu'ils avaient retenu, malgré plusieurs jours d'abandon à l'air, au contact des matières les plus capables d'exciter la fermentation.

Il a suffi de laver les écumes, les poches, les filtres avec de l'eau chargée d'un peu de bisulfite de chaux et d'évaporer celle-ci. Bien entendu que rien n'empêcherait encore ici de procéder par un lavage systématique.

Ainsi, le bisulfite de chaux avait rendu le sucre presque aussi inaltérable qu'un sel minéral. Celui du vesou, celui des bagasses, celui des écumes, des poches et des filtres, tout s'est retrouvé au même état, en gros grains d'un candi incolore ou légèrement jaunâtre.

Tout cela s'effectue sans exiger aucun soin, aucune étude ; rien ne presse l'ouvrier qui accomplit le travail. Tant que le bisulfite existe dans le liquide, en quantité appréciable, il prévient toute altération.

Je ne connais pas les colonies, il ne m'appartient donc pas de décider si l'emploi d'un procédé pareil peut avoir ou non pour résultat d'y amener la division de la propriété, en donnant aux nègres qui les habitent la possibilité de se livrer à l'extraction domestique du sucre. Mais je ne crains pas de dire que mes essais prouvent que cette transformation de la culture, de la propriété est possible.

Qu'on ne m'objecte pas la nécessité de puissants moulins qui écrasent la canne. Un coupe-racine, une râpe suffisent, car rien n'empêche d'opérer par lavage. L'emploi du bisulfite s'opposant à toute fermentation, le lavage direct de la canne, découpée en rondelles ou grossièrement déchirée, devient suffisant pour l'épuiser.

Quoi qu'il en soit, voici comment, après quelques essais préalables, j'ai fait le traitement des cannes dont je pouvais disposer :

1° Je brisais les cannes au moyen d'une râpe à betteraves, en arrosant avec une dissolution de bisulfite de chaux la pulpe qui en résultait. Par la presse, je retirais du vesou, qui, porté à l'ébullition, filtré, évaporé à feu nu jusqu'à la densité de 1.3 environ pour le sirop froid, filtré de nouveau et abandonné à la cristallisation lente, me donnait en quelques jours, une masse de candi dont il eût été impossible d'extraire de la mélasse ;

2° La bagasse, ou la pulpe, comme on voudra la nommer, étant humectée avec de l'eau et soumise à une nouvelle pression, me fournissait un second vesou moins riche, qui, traité comme le premier, donnait les mêmes résultats ;

3° Au besoin, l'opération qui précède était répétée.

En tout, j'avais employé un pour cent du poids de la canne d'une dissolution de bisulfite de chaux marquant 10 degrés à l'aréomètre de Baumé. J'avais extrait le sucre en totalité; je l'avais retrouvé sous forme solide en totalité. Mes opérations, évidemment manufacturières de leur nature, constituaient par leurs résultats une analyse exacte de la canne à sucre.

Que les chimistes habiles qui, comme M. Casaseca à la Havane, M. Avequin à la Louisiane, M. Dupuy à la Guadeloupe, sont placés près des fabriques de sucre de canne, veuillent bien répéter mes expériences plus en grand que je n'ai pu le faire, et je suis certain que leur opinion sera bientôt formée.

Voici maintenant l'objection à faire à mon procédé :

Le sucre obtenu conserve un goût sulfureux; mais il le perd dans trois circonstances.

1° Ecrasé et laissé pendant quelque temps à l'air, le sulfite se change en sulfate insipide (1) ;

2° Exposé à l'action d'une atmosphère amnoniacale, le sucre perd sa saveur sulfureuse et prend souvent un goût de vanille très-agréable, mais il se colore parfois un peu ;

3° Clarcé de manière à perdre environ 10 pour cent de son poids, il donne pour produit un sucre comparable aux sucres les plus purs et les plus blancs.

La clairce régénère, par l'évaporation, des sucres semblables aux précédents.

Manufacturièrement je conseillerais le troisième procédé.

Je ne dirai qu'un mot, pour le moment, d'une circonstance qu'on pourrait redouter. Les sulfates et les sulfites se réduisent au contact des matières organiques et produisent des sulfures. La formation des sulfures, l'apparition du soufre libre, qui pouvait en être

(1) Comme le sucre cristallisé ne contient pas de bisulfite qui n'existe pas sous forme solide, mais seulement du sulfite neutre, celui-ci ne peut donner que du sulfate neutre. Si les sucres possèdent une réaction acide, ils la doivent au phosphate acide de chaux fourni par l'action de l'acide sulfureux sur le phosphate de chaux des jus.

la conséquence, ne se sont manifestées dans aucun des échantillons fort nombreux que je possède, et qui sont déjà très-anciens, au moins pour le sucre de betterave.

Je me résume : Cent kilogrammes de cannes renferment environ 18 kil. de sucre quand elles sont en bon état. On en retire 60 kil. de vesou quand on travaille bien et ceux-ci renferment 12 kil. de sucre.

On extrait de ce vesou 6 à 7 kil. de sucre brut; on en a donc perdu 5 à 6 dans le travail du vesou; on en avait laissé 6 dans la bagasse.

Il résulte de là qu'en appliquant le nouveau procédé au vesou seul, au lieu d'extraire 6 à 7 kil. de sucre brut on en obtiendra près de 12 de sucre blanc; que si on l'applique à la fois au vesou et à la bagasse on obtiendra 17 ou 18 kil. de sucre pour 100 de cannes.

En disant que le rendement de la canne en sucre pouvait être doublé, je n'ai donc rien dit qui ne fût d'accord avec mes expériences; je suis certainement resté bien au-dessous de la vérité.

L'avenir prononcera. J'attends son jugement avec la plus parfaite confiance. Le bisulfite permettant au manufacturier de faire tout ce que le chimiste fait avec de l'alcool, si l'un retire 18, l'autre les retirera tout aussi bien quelque jour.

Quant à décider de loin s'il convient d'évaporer par ébullition jusqu'au bout, de concentrer le sirop à la densité de 1, 3 ou environ pour terminer à l'étuve; ou bien d'opérer l'évaporation tout entière dans des caisses au soleil, c'est ce que je ne saurais faire. Les circonstances locales, les études sur place en décideront.

Je me borne à faire remarquer que la présence du bisulfite, en prévenant la formation et l'action des ferments, rend l'emploi de grandes caisses ou cuves en bois, peu profondes et à larges surfaces, d'une application facile et permet tout aussi bien l'emploi de véritables bâtiments de graduation.

Je n'ai pas eu à ma disposition une quantité de vesou suffisante pour tenter de pareils moyens de travail; mais je veux cependant montrer que ces procédés méritent d'être essayés, et je recommande à l'attention de M. Casaseca ou de tout autre chimiste, dans une situation analogue, l'expérience suivante :

Du jus de betterave, auquel j'ai ajouté 4 p. c. de la dissolution normale de bisulfite de chaux, ayant été déféqué, je l'ai versé dans une petite caisse en sapin, préalablement bien lavée avec du bisulfite dissous. Le fond percé de trous, traversés chacun par des ficelles pendantes, lui offrait ainsi de nombreux moyens d'écoulement et une large surface d'évaporation. A mesure que le jus se réunissait dans une terrine placée au-dessous des ficelles, on le rejetait. Ainsi concentré par de nombreux voyages, le sirop fut placé dans un vase plat où il cristallisa presque entièrement. Dans le peu de mélasse qui fut séparée des cristaux, il s'en produisit de nouveaux, et ces derniers offraient, comme les précédents, la forme bien connue et caractéristique du sucre de canne.

Si avec le jus de la betterave, avec un appareil improvisé, cette expérience a réussi, pourquoi en serait-il autrement avec le jus de la canne plus pur et plus riche, dans des pays chauds, au grand air et avec des appareils sérieusement étudiés ?

Pourquoi ne pas chercher dans l'emploi de la chaleur solaire, là où elle est si intense et d'un retour si assuré, le moyen de remplacer la houille ou les autres combustibles dont on est privé?

Quoi qu'il en soit du moyen d'évaporation qui sera préféré aux colonies, et sur lequel l'expérience en grand peut seule donner des lumières certaines, le résultat frappant du travail opéré sur quelques centaines de livres de cannes à sucre m'avait convaincu que l'extraction du sucre dans les colonies allait entrer dans des voies nouvelles et profitables, les vesous et les bagasses pouvant désormais être soustraits à toute fermentation.

J'étais donc pleinement disposé à me livrer immédiatement à toutes les démarches nécessaires pour assurer un essai prompt de mon système, soit dans les colonies françaises avec l'appui si bienveillant pour moi de M. de Tracy, ministre de la marine, soit en Algérie, où beaucoup de personnes bien informées croient que la canne à sucre peut prospérer, et où l'accroissement de rendement obtenu par ma méthode donnerait le moyen de produire à bas prix des sucres qui seraient bien placés pour fournir à la consommation des populations qui entourent la Méditerranée.

Mais tandis que j'étais sollicité par un désir bien naturel à concentrer toute mon attention sur la canne à sucre qui me promettait un succès incontestable, prompt et facile, j'ai compris que je devais à mon pays natal, qui ne possède pas de colonies et qui cultive la betterave sur une grande échelle, à mon maître, qui, dans tant d'occasions, a pris en main la cause du sucre indigène, de m'attacher à faire tous mes efforts pour maintenir entre le sucre de betterave et le sucre de canne un équilibre que mes résultats menacent de troubler profondément. Tel est le but d'essais réitérés auxquels je me suis livré sur la betterave.

Puisque l'extraction du sucre de la canne exige un écrasement ou un râpage, une défécation, une évaporation rapide ou lente, entremêlée de filtrations, on peut déjà se faire aisément une idée du travail de la betterave. Il n'en diffère pas, en effet. Mais si la canne à sucre m'a fourni des résultats tellement nets qu'il n'y ait pas le moindre doute pour moi sur les avantages que j'assigne au procédé que j'ai essayé sur elle, la betterave, au contraire, devait m'offrir de bien plus grandes difficultés à vaincre.

En effet, la sucrerie indigène est bien plus avancée et laisse bien moins de marge aux perfectionnements. Comme elle extrait les jus d'une manière plus exacte, elle perd bien moins de sucre dans les pulpes. Comme elle utilise les pulpes pour la nourriture des bestiaux, le sucre qu'elles retiennent n'est pas même perdu en réalité. Ayant de la houille à bon compte, les procédés d'évaporation par le feu lui conviennent mieux. Enfin, le jus de la betterave renfermant beaucoup de sels qui sont capables d'empêcher la cristallisation du sucre, il en résulte une cause de perte que le nouveau procédé ne pouvait corriger.

Le compte en nombres ronds me paraît s'établir de la manière suivante :

100 kil. de betteraves renfermant, pour la moyenne de l'année, 10 kil. de sucre, il en reste 1 dans les pulpes, 2 dans les mélasses et 7 que le fabricant pourrait livrer au commerce sous la forme de sucre brut. Quelques fabricants atteignent ce dernier chiffre, dit-on; mais je serais porté à admettre qu'en France même, où cette industrie est si habilement conduite, la moyenne générale ne dépasse pas 6 kil., d'où résulterait une perte absolue de 1 p. c. de sucre qui disparaîtrait dans le travail.

Quoi qu'il en soit, je regarde comme la limite des perfectionnements à espérer pour le moment de mon procédé, un rendement élevé à 8 p. c. *en bonne quatrième,* soit 33 p. c. en sus du rendement moyen considéré dans l'ensemble des fabriques.

Mais j'ai moins cherché, pour mon compte, à donner aux grandes fabriques de sucre de betterave des procédés de fabrication plus parfaits, qu'à fournir des moyens d'un emploi facile pour tous et d'une application susceptible de s'effectuer sur une plus petite échelle dans les fermes elles-mêmes.

Pendant que j'étudiais la question à ce point de vue, MM. Claes frères, mettant à profit, à mon insu, des procédés de la même nature, en faisaient l'application en grand. C'est à eux qu'il appartient par

conséquent d'en faire connaître les résultats. Pour moi qui n'ai pas encore l'expérience manufacturière de ma méthode avec les appareils existants dans les fabriques actuelles, je livre à l'appréciation les résultats que j'ai constatés dans le laboratoire.

Premier point à résoudre : Peut-on retirer de la betterave tout le sucre qu'elle contient et le faire passer dans les jus ? Cela n'est pas douteux.

En effet, laver la pulpe avec de l'eau chargée de bisulfite, c'est une opération très-manufacturière et qui, effectuée systématiquement, peut donner un liquide fort rapproché du jus lui-même par sa richesse saccharine d'une part, et de l'autre des pulpes épuisées ou à peu près.

Les lavages ainsi obtenus seraient d'ailleurs versés sur la râpe et serviraient de véhicule pour porter sur des pulpes nouvelles le bisulfite préservateur.

En ce qui concerne les pulpes épuisées, je n'ignore pas qu'on regarde leur emploi pour la nourriture du bétail, comme compromis par le fait même de leur épuisement. C'est à l'expérience à en décider; mais, pourtant, n'y aurait-il pas exagération à penser que ces pulpes si riches encore, après le lavage, en matières azotées, en matières assimilables, ont perdu toute propriété alimentaire? Epuiser les pulpes et les assaisonner avec des mélasses, qui leur rendraient le sucre et les sels qui leur manquent, serait, me semble-t-il, une pratique fort logique; mais, je le répète, l'expérience seule peut en décider et apprendre jusques à quelle dose la mélasse peut être tolérée par le bétail.

Ce que je veux établir, c'est que l'épuisement des pulpes est très-praticable en soi, lorsqu'on peut disposer pour l'effectuer d'un liquide qui prévient toute altération, toute fermentation et qui permet même de consacrer plusieurs jours à ce travail, si l'on veut.

La perte absolue de 1 p. c. de sucre de betterave, ou de 10 p. c. du sucre qu'elles contiennent, n'a rien d'exagéré; je la crois non-seulement réelle, mais bien au-dessous de la vérité, et sur ce point il y aura, je n'en doute pas, des améliorations à obtenir.

D'où vient cette perte, en effet, si ce n'est du sucre laissé dans les écumes, dans le noir, dans les poches et filtres; de celui qui se détruit par les fermentations que le contact des sacs, des outils et instruments imprégnés de ferments divers peut provoquer? Or, de ces causes de pertes, bien peu résisteraient à l'emploi de mon procédé.

En ce qui concerne le noir, sa consommation serait, sinon annulée, du moins considérablement rédu ite dans le travail du sucre brut.

En ce qui regarde les écumes, le bisulfite de chaux exerce une double action dont je ne crois pas m'être exagéré l'importance. Il détermine plus facilement et plus complétement la coagulation des matières albuminoïdes qui forment les écumes. En outre, il produit des écumes qui ne s'altèrent pas au contact de l'air et où on ne voit pas survenir des fermentations. Que si le travail en grand suscitait, à cet égard, des difficultés que je n'ai pas aperçues, il suffirait évidemment d'une addition de quelques millièmes de bisulfite aux écumes pour les écarter.

Il est évident que pour mettre les sacs, poches, filtres, outils quelconques à l'abri de l'invasion des ferments, il suffira de les laver avec de l'eau chargée de bisulfite, avant d'en faire usage et au moment où on cesse de les employer, ainsi que MM. Dubrunfaut et Kuhlmann l'ont déjà conseillé.

De tout cela je crois pouvoir tirer la conséquence que l'emploi bien dirigé du bisulfite peut conduire à retirer le sucre laissé jusqu'ici dans les pulpes, et qu'il peut de même fournir le moyen d'éviter en grande partie les pertes que l'on fait par les fermentations accidentelles des écumes, des sacs, poches, filtres, etc. Si ces deux causes de perte ou de destruction portent sur 2 ou 3 de sucre pour 10 que la betterave en contient, leur atténuation ne saurait être sans intérêt.

J'aborde maintenant une autre cause de perte; celle qui est due à la présence des sels, qu'on considère comme étant la cause principale de la formation des mélasses. J'ai pu apprécier tous les inconvénients qu'on attribue à l'action de ces sels variés et abondants que la betterave renferme. Avec de la canne à sucre, il suffit d'un peu de bisulfite pour que les traitements par l'eau donnent tous les résultats d'un traitement par l'alcool; c'est qu'il n'y a pas ou très-peu de sels dans le vesou. Avec le jus de betterave, c'est tout autre chose; quoi qu'on fasse, le traitement par le bisulfite diffère toujours des traitements par l'alcool, précisément parce que l'eau du jus dissout des sels que l'alcool ne dissout pas. Aussi est-il rare d'obtenir le sucre de betterave en cristaux nets, distincts et d'une production facile, que le sucre de canne donne aisément. Aussi, m'est-il généralement resté, sinon des mélasses, au moins des produits mous.

Tout en admettant donc l'incontestable influence que les sels peuvent exercer sur la cristallisation du sucre, je ne puis cependant pas l'accepter comme la cause unique de la formation de la mélasse ou de cristaux mous. S'il en était ainsi, en évaporant quarante litres de jus, brûlant le résidu qu'ils laissent et ajoutant les sels ainsi obtenus à dix litres de jus, ceux-ci ne devraient pas fournir de sucre cristallisé. Or, il est facile de s'assurer qu'à cette dose les sels de la betterave n'ont pas une telle influence.

La production des mélasses doit donc être attribuée à d'autres causes, indépendamment de celle-là. Dès lors, il serait inexact de prétendre que tout procédé qui n'élimine pas les sels doit, par cela même, rester sans influence sur la formation des mélasses. Tous mes essais m'ont démontré le contraire. Je ne les ai jamais annulées, c'est vrai; mais, que les fabricants de sucre en demeurent convaincus, je les ai réduites à des quantités bien inférieures à celles qui se produisent par les procédés actuels. Ils peuvent, je crois, tendre avec confiance leurs efforts vers ce côté.

On assure que dans quelques sucreries françaises, dirigées par des personnes de grande expérience, le rendement s'élève à 8 p. c. du poids de la betterave en *quatrième ordinaire*. Ce résultat confirmerait pleinement l'opinion à laquelle j'ai été conduit par mes propres études. Heureux si je pouvais généraliser dans les mains de tous, par la sûreté des méthodes, un succès jusqu'à présent exceptionnel !

Je vais essayer maintenant de répondre à quelques questions d'un intérêt pressant pour des industries importantes. Je le ferai avec sincérité, laissant aux industriels et aux hommes d'affaires à apprécier mon opinion pour ce qu'elle vaut à cet égard.

L'industrie sucrière a pris un tel essor dans quelques parties du continent, qu'elle a donné lieu à la création d'établissements spéciaux, pour l'exécution des machines qu'elle emploie, pour la fabrication ou la révivification du noir qu'elle consomme; elle a donné naissance en outre à des distilleries qui utilisent ses mélasses et qui retirent avec profit pour le pays de l'alcool et les sels qui s'y sont concentrés. Toutes ces industries se sont émues.

Si l'emploi du bisulfite est adopté, les conditions nouvelles qu'il introduira peuvent ouvrir bien des voies à l'invention, que je suis hors d'état de prévoir.

Il me semble, cependant, que l'action des râpes sera toujours nécessaire, jusqu'à ce qu'une étude approfondie des effets obtenus sur les tranches produites par un coupe-racine et soumises à un lavage systématique ait été effectuée. Il m'a même paru que les liquides sucrés obtenus par macération ou lévigation se travaillaient plus facilement que les jus naturels provenant directement des râpes et des presses.

Je n'oserais pas assurer que les presses actuelles seront conservées dans le cas même où les râpes le seraient. Tout y est calculé pour un travail très-rapide. Or, une fois la pulpe rendue inaltérable, des presses lentes, opérant par grandes masses, économisant la main-d'œuvre, supprimant les sacs, les claies, peuvent offrir des avantages certains et obtenir une juste préférence.

La défécation s'opérant au moyen du bisulfite, de la même manière qu'avec la chaux, les chaudières qui lui sont consacrées et dont les dispositions ont été si bien réglées seraient toujours indispensables.

Les filtres de Taylor ou des filtres analogues interviennent dans le travail nouveau au même titre que dans l'ancien, sauf les cas où on opérerait par dépôt, ce qui est possible.

Les appareils d'évaporation à feu nu pourraient intervenir au commencement de la concentration des jus, mais à la fin il faudrait recourir, soit à l'évaporation rapide dans des chaudières chauffées à la vapeur, soit à une cristallisation lente effectuée dans des étuves. Je me suis assuré qu'on peut opérer dans la tôle, la fonte, le cuivre étamé, le fer étamé, et très-probablement dans des vases construits en bois ou en briques cimentées.

L'emploi du noir pourra être supprimé, réduit ou conservé selon qu'on se proposera de fabriquer des sucres bruts ou des sucres raffinés.

Quant aux mélasses et à leurs sels, il y aura toujours lieu de les utiliser, sauf cette partie qu'on pourrait rejeter sur les pulpes comme assaisonnement pour la nourriture du bétail.

En effet, l'agriculture en France réclame à grands cris du sel marin, elle pourrait à meilleur droit réclamer des sels à base de potasse. Et lorsqu'il arrive que dans un pays où rien ne se perd, comme le département du Nord, on a de tels sels dans les mélasses ; lorsqu'il suffit de faire manger celles-ci, pour que ces sels rentrant dans les engrais retournent à la terre ; ce département se livre à une large exportation de ces produits, qu'il dérobe au contraire à son propre sol, qui oserait affirmer qu'il n'aura pas lieu de le regretter un jour ?

Les pays producteurs de sucre peuvent en exporter autant qu'ils veulent, l'air et l'eau suffisent à leur en rendre les éléments; mais les sels des mélasses une fois exportés ne se retrouvent pas si aisément.

Epuiser les pulpes de tout le sucre cristallisable qu'elles peuvent fournir, leur rendre comme assaisonnement une partie des mélasses et de leurs sels, telle serait, à mon avis, la marche la plus logique, au point de vue de l'économie générale du sol d'un pays. Mais, pour faire accepter, par l'intérêt privé, les conséquences de ces prévisions lointaines, il faut qu'il y trouve son compte dans le présent. Il faut donc, dans ce cas particulier, qu'il y ait un plus grand avantage à retirer le sucre des pulpes qu'à vendre les mélasses.

L'expérience en grand peut seule apprendre si cet avantage existe, comme je le crois.

Les indications qui précèdent vont rendre facile à chacune des personnes intéressées dans les industries diverses auxquelles elles se rapportent, l'appréciation exacte de la portée des faits que j'ai constatés, par moi-même, dans le traitement de la betterave.

J'ai râpé des betteraves en arrosant la pulpe avec 2 1/2 p. c. du poids de la racine d'une dissolution de bisulfite de chaux, marquant 10° B. J'ai pressé ces pulpes et recueilli les jus, qui ont été portés à l'ébullition; la défécation étant opérée, on a passé les liquides à la chausse et on les a analysés au moyen de l'appareil de polarisation. On a concentré, par l'ébullition à feu nu, les jus déféqués jusqu'à les réduire à consistance de sirops; ceux-ci filtrés et mis à l'étuve ont été ramenés à des masses cristallisées d'une couleur paille, dont on a également fait l'analyse, au moyen de l'appareil de polarisation. L'analyse de cette masse humide ainsi faite, a permis de déterminer la portion de son poids correspondant au sucre réel, le reste étant représenté par l'eau, les sels, etc., etc.

4 litres 356 jus contenant 521 gr. 4 de sucre ont fourni une masse grenée contenant 528 gr. 2 de sucre.

0 litre 984 jus contenant 105 gr. 3 de sucre ont fourni une masse grenée renfermant 104 gr. 9 de sucre.

1 litre 045 jus contenant 112 gr. 4 de sucre ont fourni une masse grenée contenant 113 gr. 1 de sucre.

D'où il suit que pendant la défécation, la première concentration à feu nu, la seconde concentration à l'étuve, et la cristallisation qui s'y opère, le sucre traité par le bisulfite de chaux se conserve intact.

Dans toutes mes épreuves, la même concordance s'est manifestée.

les différences, toujours faibles, qui ont été observées tantôt dans un sens, tantôt dans l'autre, ne se sont généralement pas élevées au delà de deux ou trois centièmes, quantités négligeables dans la pratique.

Les pulpes desquelles les jus précédents avaient été extraits, ayant été baignées avec de l'eau et mises une deuxième fois en presse, ont fourni des liquides sucrés. L'opération répétée pour les épuiser en a donné d'autres, qui ne l'étaient presque plus ; on ajoutait un peu de bisulfite dans l'eau pour les derniers lavages.

Or, ces liquides réunis, filtrés et concentrés par l'ébullition à feu nu, filtrés de nouveau puis mis à l'étuve, ont donné des masses cristallisées en tout semblables à celles qui provenaient des jus directs. Le sucre existant dans ces masses correspondait poids pour poids, avec celui que l'analyse signalait dans les liqueurs qui les avaient fournies.

Les écumes, les poches, lavées à leur tour par de l'eau chargée d'un peu de bisulfite, malgré leur abandon au contact de l'air, ont fourni des rinçures qu'on a laissées en repos pendant une dizaine de jours, en y ajoutant toutes celles qui provenaient des expériences qu'on faisait chaque jour. Au bout de ce temps elles pesaient 4 1/2 B, on les a traitées par defécation, etc., comme le jus de betteraves lui-même et il en est résulté des masses cristallisées presque comparables aux produits directs.

Pendant la durée d'un travail auquel j'ai consacré beaucoup de temps, j'ai traité des betteraves de toutes dimensions, de toutes couleurs, rouges, jaunes, blanches; de tout âge, jeunes et non parvenues à leur maturité, mûres et en bon état au moment de la récolte, prises dans les silos et bien conservées ; enfin altérées, gangrenées à divers degrés. Toujours les masses cristallisées que j'en ai extraite, renfermaient, inaltéré, le sucre que l'analyse y indiquait avant le traitement; les différences observées sont dues surtout à des causes physiques, car le sucre obtenu ne se présentait pas, quant à l'aspect avec des caractères identiques. Ce n'est que très-rarement que la betterave m'a donné d'aussi beaux produits que la canne ; au lieu d'un grain dur et bien formé, les masses se solidifiaient à peu près comme il arrive souvent à une cristallisation confuse.

Pour les chimistes ou les manufacturiers qui sont exercés au maniement de l'excellent procédé d'essai de M. Payen, une expérience très-simple pourra fixer leur opinion.

Ils n'ont qu'à traiter une dizaine de betteraves par le bisulfite et à évaporer le jus après défécation, d'abord jusques à 25° B. A ce terme, on clarifie et on filtre, ou même on se contente de filtrer sans clarification. On évapore ensuite jusqu'à 37 ou 38 degrés B., et on abandonne la matière pendant trois ou quatre jours dans une étuve à 40 degrés C.

La masse cristallisée, exprimée fortement, leur offrira un sucre brut d'une très-belle nuance et d'une richesse en sucre non-seulement théorique, mais pratiquement réalisable, ainsi que l'essai par la méthode de M. Payen l'indique, qui égalera ou dépassera du premier coup le rendement du travail tout entier des sucreries.

Mais, quiconque essayera de traiter quelques betteraves par le bisulfite reconnaîtra sans peine qu'on peut retirer du jus qu'elles fournissent de 13 à 15 p. c. du poids de ce jus, d'un résidu pâteux, qui, fortement pressé entre des doubles de papier Joseph, laissent de 7 à 10 p. c. du poids du jus d'un sucre blanc.

Après avoir assisté à la première des expériences que j'ai effectuée devant la commission française, M. Clerget, l'un de ses membres, dès le premier essai qu'il a fait de mon procédé, est arrivé à ce même résultat.

L'ébullition est ordinairement assez tumultueuse lorsqu'on opère par le bisulfite. Je n'ai pu me rendre compte de cette particularité qu'on maîtrise très-bien par un peu de graisse, ou mieux par de l'acide oléique. Ce phénomène de boursouflement serait même de nature à recommander une autre forme de vases pour l'évaporation des jus, surtout lorsqu'ils proviennent de betteraves non encore arrivées à maturité.

Avec des betteraves tachées de noir et gangrenées jusqu'à quelques centimètres à partir du col, j'ai constaté que mon procédé permettait d'en retirer le sucre tout aussi bien qu'avec les betteraves saines. Quant à leur apparence, les produits diffèrent peu; quant à leur quantité, le sucre signalé par l'analyse dans les racines se retrouve tout entier dans les masses cristallisées qui en proviennent.

En comparant la marche bien connue du travail actuel des fabriques de sucre de betterave avec celle qui semblait résulter de l'emploi de mon procédé, j'apercevais les circonstances suivantes.

Aujourd'hui le râpage s'effectuant à l'air libre, sans précaution spéciale, les altérations qu'il entraîne rendent indispensable un pressage rapide. Quelque rapide qu'il puisse être, on n'obvie pas aux altérations.

La défécation opérée à l'aide de la chaux favorise ou exalte la coloration et force l'emploi du noir, comme agent décolorant et comme absorbant de la chaux en excès.

L'évaporation à une température élevée modifie une partie du sucre que la chaleur rend incristallisable ; d'où résulte la nécessité d'opérer par cuites successives et de retirer le sucre solide en quatre ou cinq cristallisations de moins en moins productives.

Mon procédé permettait :

De râper à l'avance, de garder les pulpes du jour au lendemain, de presser lentement et à plusieurs reprises pour épuiser les pulpes par lavage.

Il fournissait des défécations parfaitement limpides et incolores, à la suite desquelles l'emploi du noir n'avait pas d'objet.

Les jus évaporés d'abord à une température élevée jusqu'à la densité de 1,3 environ, par exemple, puis concentrés à l'étuve, cristallisaient sans coloration, et se solidifiaient en entier ou à peu de chose près, ce qui place toute l'importance du travail dans les premiers produits.

Je me trouvais donc ramené vers l'emploi du procédé de la cristallisation lente, auquel M. Crespel-Delisse a dû les succès qui ont sauvé de sa ruine la fabrication du sucre indigène, en France, vers 1827 ; mais en l'adoptant, je croyais être assuré que, par l'emploi du bisulfite, ce procédé deviendrait d'une application plus facile, plus simple et que son rendement serait accru d'une manière importante.

Deux difficultés m'arrêtaient.

La pulpe traitée par le bisulfite serait-elle mangée par les bestiaux et son usage n'offrirait-il aucun inconvénient ?

Le sucre brut obtenu par le bisulfite n'offrirait-il au raffinage aucune difficulté spéciale, à la consommation aucune cause de dépréciation ?

Ce n'est pas dans le laboratoire, mais bien dans le travail en grand d'une usine, que ces deux questions pouvaient trouver une réponse satisfaisante.

Mon travail en était là lorsque M. Paul Claes, fabricant de sucre de betterave à Lembecq, vint à Paris, comme l'un des commissaires chargés par mission spéciale de M. le ministre de l'intérieur de Belgique, pour contrôler les résultats des recherches que j'y avais poursuivies. Il me fit savoir avant tout, avec sa loyauté bien connue, qu'il avait lui-même pratiqué un procédé probablement analogue au mien; qu'en cas de coïncidence, il reconnaissait que le dépôt de deux paquets cachetés, fait par moi, dans les archives de l'Académie royale de Belgique et de l'Institut de France, m'assurait la priorité. Il constatait par écrit les résultats de son travail dans les termes suivants :

« Nous avons traité à Lembecq, par l'acide sulfureux, près de 2,500,000 kil. de betteraves pendant la dernière fabrication.

« L'acide sulfureux liquide portant 4 1/2 B., étendu de 200 fois son volume d'eau, était versé sur la râpe.

« Le jus de betteraves se déféquait à la chaux à 60° environ on ajoutait de la craie, et l'on obtenait des grumeaux très-gros. Le jus déféqué était presque incolore. Pendant toute la durée de l'extraction, il n'y a de coloration que celle qui est provoquée par le contact des corps étrangers.

« La quantité de sucre extraite est plus considérable.

« La nuance, sans aucune claircé, plus belle.

« Le grain beaucoup plus beau et plus riche.

« Ces sucres, en tout semblables aux sucres les plus beaux, ont été reçus par le commerce avec la plus grande faveur. »

Quelque temps après, MM. Claes frères me faisaient parvenir des quatrièmes produits raffinés et des cinquièmes produits bruts, qui justifiaient surabondamment les assertions précédentes.

Ma joie fut grande, je l'avoue, en apprenant d'une part que les sucres obtenus avec le concours de l'acide sulfureux se comportaient bien tant au raffinage qu'à la consommation ; de savoir que les pulpes de 2,500,000 kilog. de betteraves traitées à l'acide sulfureux avaient été consommées par le bétail sans difficulté.

Restait la question de rendement plus ou moins élevé, et celle-là étant relative au travail antérieur de chaque fabrique, il me suffisait de savoir que, par l'intervention de l'acide sulfureux, il avait été augmenté à Lembecq.

M. Paul Claes pensa, comme moi, que l'emploi direct du bisulfite de chaux était préférable à celui de l'acide sulfureux.

Jusque-là mes recherches avaient été poursuivies dans le calme du laboratoire, mais ce n'est pas impunément qu'on touche aux questions liées à de grands intérêts. Le résultat de mes expériences avait transpiré ; les manufacturiers du département du Nord s'étaient émus; des délégués des colonies s'étaient adressés à M. le ministre de la marine de France, et à leur prière le gouvernement français nommait une commission pour l'examen de mon procédé.

Le silence gardé pendant si longtemps par le gouvernement belge fut donc forcément rompu.

Dès sa première séance, la commission française reconnut que, pour la sûreté de ses opérations, il était nécessaire que je prisse un brevet d'invention. Je m'empressai de satisfaire à ce désir; car, tandis qu'elle allait étudier et apprécier ma méthode, rien n'empêchait que les intentions du gouvernement, et j'ose dire les miennes, ne fussent paralysées. Il aurait suffi qu'une demande en brevet fût formée pour nous ôter le droit de faire jouir les fabricants belges et français des avantages qu'ils auraient pu retirer de mon procédé.

Pour juger la valeur d'un système nouveau dans une fabrication comme celle du sucre, il faut une campagne ou au moins des expériences précises faites à diverses époques de cette campagne, et convenablement échelonnées.

Je publie, en conséquence, aujourd'hui, ce premier mémoire, dans lequel j'ai cherché à bien préciser les faits essentiels, et je prie tous les fabricants belges et français qui le jugeront convenable à leurs intérêts, de faire, pendant le cours de cette campagne, soit pour la canne, soit pour la betterave, tel emploi qu'ils voudront des procédés qui s'y trouvent décrits. Je serai très-empressé de recevoir leurs communications.

Ce que je cherche, c'est la vérité, et lorsque mes expériences auront été soumises au contrôle public que je désire, tout le monde en aura la preuve.

Qu'on me permette d'insiter sur un point : le bisulfite versé sur la râpe rend les pulpes et les jus inaltérables pendant les premières opérations de la fabrication du sucre; il permet d'utiliser, sans crainte aucune, la macération des pulpes ou leur seconde pression après les avoir imbibées d'eau; il corrige le mauvais état des betteraves à la fin de la campagne et rend par suite la fabrication uniforme et régulière pendant toute sa durée; qu'on l'essaye dans ces conditions en bornant son emploi à ce rôle préservateur circonscrit; l'habileté des fabricants, celle des ouvriers feront le reste; on se familiarisera peu à peu avec ce nouveau produit, on saisira bientôt les conditions les plus favorables à son emploi en grand.

Si, contre toute attente, les fabricants de sucre indigène ne trouvaient aucun bénéfice à l'emploi de mon procédé, je ne puis pas croire que son influence sur l'extraction du sucre dans nos climats en fût annulée pour cela.

Lorsqu'il suffit d'un coupe-racine, d'un ou deux tonneaux, d'une chaudière à lessive et de quelques terrines pour extraire très-facilement le sucre d'un millier de kilogrammes de betteraves, lorsqu'on l'obtient du premier coup plus blanc que les plus beaux sucres bruts du commerce, n'est-il pas permis d'espérer que les besoins toujours croissants de la consommation du sucre en rendront désormais la fabrication populaire dans toutes les campagnes, y répandront par suite les bienfaits attachés à la culture de la betterave et que le vœu formé par Morel Vindé sera bientôt exaucé?

Du même coup, l'agriculture gagnerait le profit du meilleur des assolements et le laboureur les bénéfices hygiéniques d'une consommation qu'il ignore encore, car tandis que l'Angleterre consomme plus de 10 kilogrammes de sucre par tête et par an, l'Europe tout entière n'atteint pas à la consommation de 2 1/2 kilogrammes par tête et par an.

Quel que puisse être le mode de travail qui sera définitivement admis par la pratique en grand, je ne saurais trop le recommander, il faudra toujours commencer par faire arriver le bisulfite préservateur sur les sucs, au moment même où ils sont exposés au contact de l'air.

On comprend du reste que, se basant sur les faits et les principes exposés plus haut, les industriels puissent les mettre en pratique sous diverses formes. Plus tard je publierai les résultats comparatifs des essais, que j'espère être en mesure de continuer.

Je me borne à indiquer ici quelques-unes de ces formes :

1° Opérer la défécation sur la pulpe elle-même.

2° Déféquer les jus provenant des presses ou obtenus par le lavage, au moyen du bisulfite de chaux seul. Filtrer sur des filtres Taylor ou décanter après la défécation. Pousser directement à la cuite le liquide limpide ainsi obtenu, malgré le trouble qui s'y produit pendant la concentration.

3° Déféquer par le bisulfite de chaux. Filtrer ou décanter. Evaporer à 25° B. Filtrer une seconde fois. Pousser à la cuite.

4° Déféquer par le bisulfite de chaux. Filtrer ou décanter. Evaporer à 25° B. Filtrer. Ne pousser la cuite que vers 38° B. Placer le sirop à l'étuve pour opérer par la cristallisation lente par la méthode de M. Crespel Delisse.

5° Opérer la préservation des pulpes par une faible dose de bisulfite. Déféquer à la chaux, par la méthode ordinaire. Filtrer ou passer sur noir. Ajouter ensuite du bisulfite de façon à obtenir un liquide neutre ou légèrement acide. Evaporer à 25° B. Filtrer. Pousser à la cuite.

Dans tous ces cas on obtiendrait de bons résultats, si l'on pouvait faire rentrer les sirops d'égouts dans les chaudières à déféquer.

Bien entendu qu'on serait obligé de scinder ce travail après quelques opérations.

6° Déféquer par le bisulfite. Filtrer ou décanter. Amener les jus vers 25° B. Les neutraliser ou les rendre légèrement alcalins. Passer sur noir et suivre ensuite le travail comme on le fait dans les anciens procédés.

7° Faire arriver une dissolution faible de bisulfite de chaux sur la râpe. Opérer la défécation à la chaux. Reprendre ensuite le travail ordinaire.

Avant de terminer, qu'il me soit permis de rappeler en peu de mots les travaux des savants ou des industriels qui, à ma connaissance, m'ont précédé dans la voie où je me suis engagé.

C'est à Proust, dont le nom demeurera attaché d'une manière si honorable à l'histoire du sucre, que nous avons tous emprunté notre point de départ. Indépendamment de l'emploi bien connu qu'il avait fait du mutisme par le sulfite de chaux pour opérer l'extraction du sucre de raisin, ce chimiste illustre indique dans le *Journal de Physique* de 1810, l'application du sulfite de chaux pour le jus de la canne, de l'érable, etc., etc. C'est donc à lui qu'il faut reporter tout l'honneur de la découverte. Tôt ou tard son opinion doit triompher; mon bonheur serait de l'avoir dégagée de quelques difficultés et de l'avoir fait accepter par la pratique.

Quelques expérimentateurs entrèrent dans cette voie.

M. Drapiez, en 1811, employa l'acide sulfureux.

M. Perpère échouait en 1812 en se servant du même acide.

M. Jordan de Haber a proposé l'acide sulfureux pour les *cossettes*; mais il emploie indistinctement l'acide sulfureux, l'acide sulfurique ou la chaux.

M. Boutin a pris un brevet pour l'emploi du sulfite d'alumine en 1846; l'usage de ce sel avait déjà été indiqué par M. Stollé dans un brevet pris en 1838.

Enfin en 1848 M. Meige a pris un brevet de son côté pour l'emploi de l'acide sulfureux et du sulfure de calcium, déjà proposé jadis par Mairet de Reims pour le sucre de raisin.

Dans cette rapide énumération, j'ai omis à dessein deux brevets très-détaillés sur l'emploi de l'acide sulfureux et des sulfites; l'un de M. Dubrunfaut en date de 1829; l'autre de M. Stollé en date de 1838.

Personne n'admettra, je l'espère, que j'aie eu l'intention de mettre en oubli les expériences d'un homme aussi digne de considération que M. Dubrunfaut. Une chose m'étonne, c'est que sa pénétration ne lui ait pas fait saisir le point par lequel plusieurs de ses procédés étaient en défaut.

Le brevet de M. Dubrunfaut est imprimé dans le T. 27 des *Brevets expirés ;* au lieu de le discuter, je préfère y renvoyer le lecteur qui jugera par lui-même.

Le brevet de M. Stollé est imprimé dans la collection des *Brevets expirés*, T. 67. Les fabricants et les chimistes sauront apprécier de suite en quoi nous différons, M. Stollé et moi ; ils apprécieront à leur juste valeur quel est notre point de départ ; ils verront sur quels faits nous nous basons.

Du reste, loin de moi la pensée de revendiquer les principes du mutisme appliqué à la canne à sucre et à la betterave. Je reconnais qu'ils appartiennent tous à Proust et que nous n'avons fait que le suivre. Il restait quelque chose à faire pour rendre pratique l'idée heureuse et originale de ce grand chimiste en ce qui concerne le sucre de la canne et de la betterave ; si j'y suis parvenu, que tout l'honneur en revienne à Proust.

www.ingramcontent.com/pod-product-compliance
Lightning Source LLC
LaVergne TN
LVHW052012160826
845678LV00003B/1021

* 9 7 8 2 3 2 9 6 4 9 9 3 1 *